MÉMOIRE

SUR LE

GROUPE DES TILIACÉES

Paris. — Imprimerie de E. MARTINET, rue Mignon, 2

MÉMOIRE

SUR LE

GROUPE DES TILIACÉES

PAR

H. BOCQUILLON

Docteur ès sciences, docteur en médecine

Professeur d'histoire naturelle au Lycée impérial Napoléon et à l'École centrale d'Architecture

PARIS

GERMER BAILLIÈRE, LIBRAIRE-ÉDITEUR

RUE DE L'ÉCOLE-DE-MÉDECINE, 17

New-York
Hipp. Baillière, 259, Regent street.

Londres
Baillière Brothers, 440, Broadway.

MADRID, C. BAILLY-BAILLIÈRE, PLAZA DEL PRINCIPE ALFONSO, 16.

1867

MÉMOIRE

SUR LE

GROUPE DES TILIACÉES

Qu'est-ce que la Famille des Tiliacées?

A-t-elle raison d'être; et, si elle est, quels en sont les caractères?

Quelle en est la place dans le Règne végétal, quelles en sont les affinités?

Telles sont les questions que je me suis proposé de résoudre.

Ce mémoire est partagé en trois chapitres.

Le premier est consacré à l'historique de la famille.

Le second, à l'indication des caractères du groupe, à la recherche des types, à l'énumération des genres et à leurs caractéristiques différentielles.

Le troisième, aux affinités naturelles.

I. — HISTORIQUE.

La plupart des plantes qui composent aujourd'hui l'Ordre des Tiliacées étaient inconnues du temps de Linné. Le *Genera plantarum* (1764) ne mentionne que neuf genres ainsi classés :

Le *Triumfetta* Plum., dans la Dodécandrie monogynie; l'*Heliocarpus* ou *Montia* Houst., dans la Dodécandrie digynie; le *Muntingia* Plum., le *Sloanea* Plum., le *Tilia* T., l'*Elæocarpus* Burm., le *Prockia* P. Browne, le *Corchorus* T., le *Grewia* L., dans la Gynandrie polyandrie. Dans son *Essai de classification naturelle*, le naturaliste suédois réunissait la plupart de ces plantes aux Mauves, aux Thés, aux *Magnolia*, pour en faire l'Ordre des COLUMNIFERÆ.

Adanson, dans ses *Familles des plantes* (1763), plaçait la Famille des Tilleuls entre celle des Châtaigniers et celle des *Geranium* et la caractérisait ainsi : Plantes à feuilles alternes ou opposées; les feuilles alternes ont deux stipules; les feuilles opposées n'en ont pas. Les fleurs sont hermaphrodites, ou mâles ou femelles sur des pieds différents, accompagnées de une ou plusieurs écailles. Le calice est monophylle ou composé de plusieurs folioles le plus souvent colorées, caduques. La corolle existe ou manque; dans le premier cas, elle est composée de quatre ou cinq pétales alternes avec les sépales. Un disque est le plus souvent au-dessus du périanthe; il est tantôt très-développé, tantôt insensible. Les etamines sont au nombre de 4 à 120, posées sur plusieurs rangs contre l'ovaire, sur le disque, assez éloignées de la corolle. L'ovaire est unique, avec un ou deux styles partant du sommet de l'ovaire et un à cinq stigmates. Le fruit est une baie ou une capsule de une à six loges, déhiscente en deux à six valves; quelquefois, il y a avortement des loges. Le placenta consiste en des tubercules élevés dans l'angle intérieur que forment les cloisons des loges ou des valves, ou les bords de ces mêmes cloisons. Les graines sont uniques ou multiples dans chaque loge, ascendantes, pendantes ou horizontales; l'embryon est courbé ou droit.

Quatorze genres trouvaient place dans cette famille et étaient groupés en deux sections :

La première section comprenait les genres à feuilles alternes. C'étaient :

L'Urucu Marcg. ou Bixa L.
Le Trilopus Mitch. ou Hamamelis Catesb.
L'Heliocarpus L.
Le Triumfetta Plum.
Le Sloana Plum.

L'Isora H. M.
Le Corchorus T.
Le Tilia T.
Le Guazuma Plum. ou Theobroma L.
Le Grewia L.
Le Muntingia Plum., ou Calabura Plukn.

La seconde section comprenait les genres à feuilles opposées. C'étaient :

L'Hippocastanum T. ou Æsculus L.
L'Acer T.
Le Rulac Adans.

Antoine Laurent de Jussieu, dans son *Genera plantarum* (1789), établit l'Ordre XIXe, des Tiliacées, qu'il caractérise ainsi :

« Calyx polyphyllus aut multipartitus. Petala definita distincta (in *Sloanea* nulla), laciniis aut foliolis calycis alterna et plerumque numero æqualia. Stamina sæpius indefinita et distincta. Germen simplex; stylus sæpe unicus, raro multiplex aut nullus; stigma simplex aut divisum. Fructus baccatus aut capsularis, plerumque multilocularis, loculis mono-aut polyspermis, valvis capsularum medio septiferis. Corculum seminis planum perispermo carnoso cinctum. Caulis arborescens frutescensve aut raro herbaceus. Folia alterna simplicia stipulacea. »

On voit par cette caractéristique que A.-L. de Jussieu n'admettait pas dans les Tiliacées les genres à fleurs unisexées, ni ceux à feuilles opposées d'Adanson.

Il partageait les Tiliacées en deux sous-ordres :

I. Stamina basi aut omnino monadelpha, definita. (*Tiliaceæ* dubiæ.)
Waltheria L.
Hermannia T.
Mahernia L.

II. Stamina distincta, plerumque indefinita. Fructus multilocularis. (*Tiliaceæ* veræ.)
Antichorus L.
Corchorus T.
Heliocarpus L.

Triumfetta Plum.
Sparmannia Thunb.
Sloanea Plum.
Apeiba Aubl.
Muntingia Plum.
Flacurtia Commers.
Oncoba Forsk.
Stewartia Catesb.
Grewia L.
Tilia T.

III. Stamina distincta indefinita. Fructus unilocularis.
Bixa L.
Lætia Loeffl.
Banara Aubl.

Cet ordre des Tiliacées est placé entre les Berbéridées et les Cistes, et l'auteur fait observer :

« Tiliaceas veras desiniunt stamina numerosa sæpius distincta et fructus multilocularis et corculi recti perispermum carnosum et folia alterna stipulacea. Inde dissident ab iisdem Berberides definite staminiferæ ac uniloculares. Discrepant etiam Cisti corculo incurvo, perispermo tenui, fructu sæpe uniloculari, foliis plerumque oppositis et sæpe nudis. An recte ordini præposita genera habitu et staminibus monadelphis Malvacea, sed perispermo Tiliaceis accedentia? Statuendus antea in organorum et caracterum serie verus perispermi gradus, quem indicabunt dijudicati ordines quorum fabricæ aut distributioni præfuerit. Genera unilocularia a multilocularibus dissentiunt receptaculo in singulis valvis non prominulo, inde sequenti ordini affinia. An Tiliaceis in posterum addenda genera polypetala polyandra quæ nunc minus nota indeterminatis extra ordines adjiciuntur, nempe Soramia, Calinea, Cleyera, Vallea, Dicera, Caraipa, Mahurea, Houmiria, Vantanea, Trilix, etc.? An abiisdem removendæ Sloanea, Flacurtia, Laetia utpote apetalæ, cæterum tamen ordini proximæ?

En 1819 (1), A. L. de Jussieu modifia sa classification des

(1) In *Mém. du Mus.*, V, 233.

Tiliacées. Il proposa de retirer de cet ordre les genres *Waltheria*, *Hermannia*, *Mahernia*, parce que, dit-il, bien que ces plantes aient l'embryon périspermé des Tiliacées, elles présentent les étamines monadelphes des Malvacées sans périsperme. Il remarqua, d'un autre côté, quelques Malvacées dont l'embryon est périspermé, à cotylédons droits; il les réunit aux genres précédemment nommés et fit du groupe total la Famille des Hermanniées qui correspondent aux Sterculiacées de Ventenat, et probablement aux Byttnériées de R. Brown. Dès cette époque, de Jussieu regardait son Ordre des Hermanniées comme intermédiaire entre les Tiliacées et les Malvacées. Les vrais genres de Tiliacées étaient au nombre de 35 et partagés en deux groupes :

1. ANTHÈRES ARRONDIES.

1. Antichorus.
2. Corchorus.
3. Heliocarpos.
4. Bixa.
5. Honckenya.
6. Sparmannia.
7. Espera.
8. Triumfetta.
9. Muntingia.
10. Lætia.
11. Colona ou Columbia.
12. Grewia.
13. Diplophractum.
14. Lubea.
15. Tilia.
16. Heptaca.
17. Oncoba.
18. Stewartia.
19. Banara.
20. Mahurea.
21. Decadia.
22. Saurowia.
23. Ablania.

2. ANTHÈRES ALLONGÉES.

24. Blondea Rich.
25. Patrisia Rich.
26. Sloanea.
27. Apeiba.
28. Ventenatia Beauv.
29. Vallea Mutis.
30. Dicera Forst.
31. Tricuspidaria.
32. Elæocarpus.
33. Ganitrus Rumph.
34. Craspedum Lour.
35. Vatica L.

Le genre *Flacourtia*, apétale et dioïque, est rejeté des Tiliacées.

En résumé, des quatorze genres d'Adanson, six avaient perdu leur place; l'*Hamamelis* était placé dans l'ordre des Berbéridées; l'*Isora* regardé comme synonyme d'*Helicteres* et reporté dans les Malvacées; le *Guazuma* relégué dans la même famille; l'*Hippocastanum* et l'*Acer*, placés dans la famille des Érables; il n'est fait aucune mention du *Rulac*.

En 1822, Kunth établit la famille des Bixinées aux dépens de quelques plantes placées par A.-L. de Jussieu, soit dans les Tiliacées, soit dans les Rosacées, et il fait remarquer que : « Illustr. Jussieu Bixam, Banaram et Lætiam ad finem Tiliacearum collocavit; discrepant tamen ab hac familia eo quod ovaria sint unilocularia, ovula placentis parietalibus affixa, foliola calycina ante apertionem floris imbricatim incumbentia; cum Homalinis R. Br. haud confundendæ sunt, ob stamina numero indefinita hypogyna et ovarium semper liberum. Eadem structura observatur in Prockia et Ludia, Lætiæ habitu proximis. Inde eas cum præcedentibus conjunxi in familiam distinctam, cui imposui nomen Bixinarum. » Cette famille comprenait les genres *Bixa* L., *Banara* Aubl., *Lætia* Loefl., L., *Prockia* P. Browne, *Ludia* Commers., *Patrisia* Rich. ou *Ryania* Vahl, *Abatia* Ruiz et Pav.

A.-P. de Candolle, dans son *Prodromus* (1824), décompose les Tiliacées d'A.-L. de Jussieu en deux ordres : celui des Tiliacées et celui des Elæocarpées. Il énonce ainsi les motifs de ce changement : « *Ordo* (*Elæocarpearum*) *Tiliacei valde affinis, et tantum distinctus petalis lobatis et antheris apice biporosis.* »

L'ordre des Tiliacées comprend 23 genres. Ce sont :

1. Sparmannia Thunb.
2. Abatia Ruiz et Pav.
3. Heliocarpus L.
4. Antichorus L.
5. Corchorus L.
6. Honckenya W.
7. Triumfetta L.
8. Grewia Juss.
9. Columbia Pers.
10. Tilia L.
11. Diplophractum Desf.
12. Muntingia L.

13. Apeiba Aubl.
14. Sloanea L.
15. Ablania Aubl.
16. Gyrostemon Desf.
17. Christiana P. Browne.
18. Alegria Moç. et Sess.
19. Luhea W.
20. Vatica L.
21. Espera W.
22. Wikstrœmia Schrad.
23. Berrya Roxb.

L'ordre des Elæocarpées ne comprend que 7 genres, ce sont :

1. Elæocarpus L.
2. Aceratium D.C.
3. Dicera Forst.
4. Friesia D.C.
5. Vallea Mutis.
6. Tricuspidaria Ruiz et Pav.
7. Decadia Lour.

Des trente-cinq genres admis par A.-L. de Jussieu, de Candolle en avait retranché quatorze, qui étaient :

Laetia, Bixa, Heptaca, Oncoba, Stewartia, Banara, Mahurea, Saurowia, Blondea, Patrisia, Ventenatia, Ganitrus et Craspedum,

placés dans d'autres familles, et les avait remplacés par les genres suivants, que leurs auteurs avaient déjà reconnus pour des Tiliacées :

Abatia Ruiz et Pav., Gyrostemon Desf., Christiana P. Browne, Alegria Moç. et Sess., Wikstrœmia Schrad., Berrya Roxb., Aceratium D.C. Friesia D.C.

Endlicher (1836-1840) partage les Tiliacées en deux sous-ordres :

1. Les Tiliacées vraies, dont la corolle est nulle ou dont les pétales sont entiers, dont les anthères s'ouvrent par déhiscence longitudinale.

2. Les Elæocarpées, dont la corolle est formée de pétales fendus ou laciniés, dont les anthères s'ouvrent au sommet par une valvule transversale.

Les Tiliacées vraies sont partagées en plusieurs tribus :

A. Les Sloanées, dont la corolle est nulle.

Cette tribu renferme les genres :

1. Hasseltia H. B. K.
2. Ablania Aubl.
3. Dasynema Schott.
4. Sloanea L.

B. Les Grewiées, dont les pétales sont entiers.

Cette tribu renferme les genres :

5. Apeiba Aubl.
6. Luhea W.
7. Mollia Mart. et Zucc.
8. Heliocarpus L.
9. Entelea R. Br.
10. Sparmannia Thunb.
11. Clappertonia Meisn.
12. Corchorus L.
13. Triumfetta Plum.
14. Tilia T.
15. Brownlowia Roxb.
16. Christiana D.C.
17. Grewia Juss.
18. Diplophractum Desf.
19. Columbia Pers.
20. Berrya Roxb.
21. Muntingia L.
22. Trilix L.

Les genres : 23, Bancroftia Macfad., et 24, Vantanea Aubl., sont placés à la suite comme douteux.

Le sous-ordre des Elæocarpées comprend : la tribu des Elæocarpées vraies caractérisées par leur fruit drupacé, et renfermant les genres :

25. Elæocarpus L.
26. Monocera Jack.
27. Beythea Endl.

De plus, des genres douteux, tels que :

28. Friesia D.C.
29. Acronodia Blum.

Elle comprend aussi la tribu des Tricuspidariées, dont le fruit est une baie ou une capsule, et qui renferme les genres :

30. Vallea Mutis.
31. Tricuspidaria Ruiz et Pav.
32. Crinodendron Molin.

Des 30 genres qui composent les ordres des Tiliacées et des Elæocarpées de P. de Candolle, Endlicher retranche les suivants :

Abatia Ruiz et Pav., dont il fait une Lythrariée;
Antichorus W., dont il fait un synonyme de Corchorus;
Honckenya W., qu'il remplace à tort par le synonyme Clappertonia;
Gyrostemon Desf., dont il fait une Phytolaccée;
Alegria, dont il fait un synonyme du Luhea;
Vatica L., dont il fait une Diptérocarpée;
Espera W., qu'il regarde comme synonyme de Berrya;
Wikstrœmia Schrad., synonyme de Laplacea, une Ternstrœmiée;
Aceratium D.C., synonyme d'Elæocarpus.
Dicera Forst., synonyme de Friesia.
Et Decadia Lour., synonyme de Dicalyx.

et il ajoute les genres :

Hasseltia H.B.K., Dasynema Schott, Mollia Mart. et Zucc., Entelea R. Br., Clappertonia Meisn., Brownlowia Roxb., Trilix L., Bancroftia Macf.(?), Vantanea Aubl.(?), Monocera Jack, Beythea Endl., Acronodia Bl., Vallea Mutis., Crinodendron Molin.

Meisner (1836-1843) admet 44 genres de Tiliacées, qu'il partage en deux tribus :

La première, celle des Tiliées, comprend les genres à pétales entiers, non découpés sur les bords, à anthères déhiscentes par une fente longitudinale. Ce sont :

1. Tilia T.
2. Clappertonia Meisn.
3. Antichorus L.

4. Corchorus L.
5. Esenbeckia Bl.
6. Entelea R. Br.
7. Foveolaria D.C.
8. Sloanea L.
9. Vatica L.
10. Triumfetta Plum.
11. Xeropetalum Delil.
12. Brownlowia Roxb.
13. Sparmannia Thunb.
14. Luhea W.
15. Mollia Mart. et Zucc.
16. Berrya Roxb.
17. Columbia Pers.
18. Espera W.
19. Diplophractum Desf.
20. Apeiba Aubl.
21. Porpa Bl.
22? Laplacea K.
23. Muntingia L.
24? Trilix L.
25. Vincentia Boj.
26. Grewia Juss.
27. Heliocarpus L.
28? Ablania Aubl.
29? Gyrostemon Desf.
30. Christiana D.C.
31?? Abatia Ruiz et Pav.
32. Hasseltia H. B. K.

La deuxième tribu est celle des Elæocarpées; elle comprend les genres dont les pétales sont dentés, lobés ou incisés (rarement entiers ou nuls). Les loges des anthères s'ouvrent au sommet par deux pores. Ce sont :

33. Acronodia Bl.
34. Aceratium D.C.
35. Elæocarpus L.
36. Dicera Forst.
37. Vallea Mutis.

38. Tricuspidaria Ruiz et Pav.
39. Monocera Jack.
40. Friesia D.C.
41? Euthemis Jack.
42? Vateria L.
43? Crinodendron Molin.
44?? Dicalyx Lour.

Dans son *Vegetable Kingdom* (1847), Lindley range les genres de la famille des Tiliacées en deux groupes. Le premier groupe prend le nom de *Tileæ;* il comprend les Tiliacées qui n'ont pas de corolle, ou dont les pétales sont entiers et dont la déhiscence des anthères est longitudinale. Il est ainsi subdivisé :

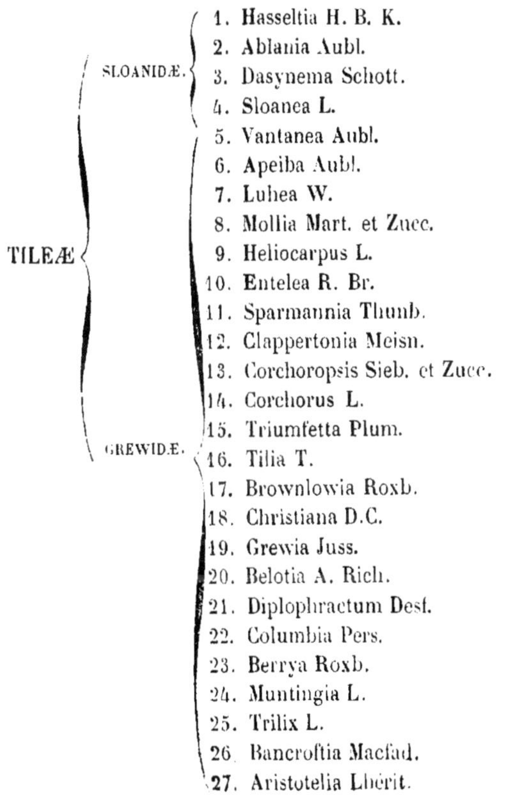

TILEÆ

SLOANIDÆ.
1. Hasseltia H. B. K.
2. Ablania Aubl.
3. Dasynema Schott.
4. Sloanea L.

GREWIDÆ.
5. Vantanea Aubl.
6. Apeiba Aubl.
7. Luhea W.
8. Mollia Mart. et Zucc.
9. Heliocarpus L.
10. Entelea R. Br.
11. Sparmannia Thunb.
12. Clappertonia Meisn.
13. Corchoropsis Sieb. et Zucc.
14. Corchorus L.
15. Triumfetta Plum.
16. Tilia T.
17. Brownlowia Roxb.
18. Christiana D.C.
19. Grewia Juss.
20. Belotia A. Rich.
21. Diplophractum Desf.
22. Columbia Pers.
23. Berrya Roxb.
24. Muntingia L.
25. Trilix L.
26. Bancroftia Macfad.
27. Aristotelia Lhérit.

Le second groupe renferme les plantes qu'il appelle Elæocarpées et qu'il reconnaît aux pétales laciniés, aux anthères s'ouvrant par une fente transversale ou au sommet. Il comprend les genres :

ELÆOCARPEÆ.
- 28. Elæocarpus L.
- 29. Monocera Jack.
- 30. Beythea Endl.
- 31. Friesia D.C.
- 32. Acronodia Blum.
- 33. Vallea Mutis.
- 34. Tricuspidaria Ruiz et Pav.
- 35. Crinodendron Molin.

L'*Antichorus* L. est réuni au *Corchorus;* l'*Esenbeckia* Bl. est regardé comme synonyme du *Neesia* Bl. et reporté dans les Sterculiacées; le *Foveolaria* D.C. est considéré comme synonyme du *Dasynema;* le *Xeropetalum* Delil. est reporté dans les Byttnériacées; l'*Espera* W. est regardé comme synonyme du *Berrya;* le *Porpa* Bl. est réuni au *Triumfetta;* le *Laplacea* K. est rangé dans les Ternstrœmiées; le *Vincentia* Boj. est regardé comme synonyme du *Grewia;* les *Gyrostemon* Desf. deviennent le type d'un petit groupe placé près des Euphorbiacées (on sait aujourd'hui qu'ils doivent être rangés parmi les Phytolaccées); l'*Abatia* Ruiz et Pav. est regardé comme une Lythrariée (on croit aujourd'hui que c'est une Saxifragée-Homalinée); le *Dicera* Forst. est synonyme de *Monocera;* l'*Euthemis* Jack est porté dans les Ochnacées; le *Vateria* L. dans les Diptérocarpées; le *Dicalyx* Lour. dans les Ternstrœmiacées.

Enfin, dans leur *Genera plantarum* (1862), MM. Bentham et J.-D. Hooker admettent 40 genres de Tiliacées, qu'ils partagent en deux séries; chaque série est divisée en tribus, etc. Voici en résumé leur classification :

Series A. — HOLOPETALÆ. — Petala glabra v. rarius basi extus puberula, colorata, tenuia, basi contracta v. unguiculata, integra v. rarissime emarginata, æstivatione imbricata sæpius contorta.

Tribus I. — Brownlowieæ. — Sepala in calycem campanulatum 3-5-fidum coalita. Antheræ breves, sæpius globosæ v. didymæ, loculis demum apice confluentibus.

* *Stamina interiora 5 ananthera (staminodia).*

1. Brownlowia Roxb.
2. Pentace Hassk.
3. Diplodiscus Turcz.
4. Pityranthe Thw.

** *Stamina omnia antherifera.*

5. Christiana D.C.
6. Berrya Roxb.
7. Carpodiptera Griseb.

Tribus II. — Grewieæ. — Sepala distincta. Petala basi foveolata, circa basin tori plus minus elevati apice staminiferi inserta. Antheræ breves, loculis parallelis distinctis.

* *Fructus inermis, glaber v. tomentosus.*

8. Grewia L.
9. Columbia Pers.
10. Diplophractum Desf.
11. Belotia A. Rich.
12. Erinocarpus Nimmo.
13. Triumfetta L.
14. Heliocarpus L.

Tribus III. — Tilieæ. — Sepala distincta. Petala haud foveolata, circa stamina immediate inserta.

* *Capsula loculicide dehiscens; echinata v. rarius nuda et siliquæformis, ∞-sperma.*

15. Entelea R. Br.
16. Sparmannia L. f.
17. Honckenya W.
18. Corchorus L.
19. Corchoropsis Sieb. et Zucc.

** *Capsula nuda, apice dehiscens, ∞-sperma.*

20. Luhea W.

21. MOLLIA Mart.
22. TRICHOSPERMUM Bl.

*** *Bacca indehiscens, seminibus numerosis minutis.*

23. MUNTINGIA L.

**** *Fructus globosus, indehiscens, sæpius 1-spermus.*

24. TILIA L.
25. LEPTONYCHIA Turcz.
26. SCHOUTENIA Korth.

Tribus IV. — APEIBEÆ. — Sepala distincta. Petala basi nuda, circa stamina immediate inserta. Antheræ lineares, erectæ, membrana terminatæ, loculis parallelis. Ovarium 6-∞-loculare. Fructus indehiscens v. carpellis ab axi demum solutis, ∞-spermis.

27. GLYPHÆA Hook. f.
28. APEIBA Aubl.

Series B. — HETEROPETALÆ. — Petala v. nulla v. sepaloidea v. incisa, rarius vere petaloidea, sæpe pubescentia v. lata basi inserta, valvata, induplicata, v. varie imbricata, nec contorta.

Tribus V. — PROCKIEÆ.— Antheræ subglobosæ, didymæ, loculis longitudinaliter dehiscentibus.

29. PROCKIA L.
30. HASSELTIA H. B. K.
31. PLAGIOPTERON Griff.
32. ROPALOCARPUS Boj.

Tribus VI. — SLOANEÆ. — Antheræ lineares, apice dehiscentes. Discus staminifer planus v. pulvinatus, sepalis et petalis circa stamina immediate insertis.

33. VALLEA Mutis.
34. SLOANEA L.
35. ECHINOCARPUS Bl.
36. ANTHOLOMA Labill.

Tribus VII. — ELÆOCARPEÆ. — Antheræ lineares, apice dehiscentes. Petala circa basin tori elevati glandulosi apice staminigeri inserta.

37. ARISTOTELIA Lhér.
38. ELÆOCARPUS L.

39. DUBOUZETIA Panch.
40. TRICUSPIDARIA Ruiz et Pav.

Ces auteurs ont rangé dans la famille des Tiliacées les genres *Prockia*, *Echinocarpus*, *Trichospermum*, regardés avant eux comme des Bixacées; le *Plagiopteron*, placé auparavant dans les Sapindacées; le *Schoutenia*, le *Leptonychia*, le *Pityranthe*, regardés comme Sterculiacées; le *Carpodiptera*, dont on avait fait une Malvacée.

Ils ont regardé comme synonymes du genre *Sloanea*, les genres *Ablania* et *Dasynema*, distingués par Lindley, ainsi que l'*Adenobasium* Presl, le *Dasycarpus* Œrst., le *Foveolaria* Meisn., le *Blondea* Rich. Le *Clappertonia* Meisn. est devenu synonyme de *Honckenya*; le *Trilix* L., synonyme de *Prockia*. Ils ont réuni le *Monocera* Jack aux *Elæocarpus*, ainsi que le *Beythea* Endl.; le *Friesia* D.C. est devenu un *Aristotelia*; l'*Acronodia* Bl., un *Elæocarpus*. Enfin, ils ont ajouté à leur liste plusieurs genres plus récemment découverts : *Pentace* Hassk. (1858), *Diplodiscus* Turcz. (1858), *Pityranthe* Thw. (1859), *Erinocarpus* Nimmo (1855), *Leptonychia* Turcz. (1858), *Glyphæa* Hook. F. (1849), *Ropalocarpus* Boj. (1837), *Echinocarpus* Bl. (1825), *Antholoma* Labill., dont MM. Planchon et Baillon ont montré les vrais rapports (1864); *Dubouzetia* Panch., analysé par MM. Brongniart et Gris (1861).

II. — CARACTÈRES DU GROUPE, RECHERCHE DES TYPES, EXPOSITION DES GENRES.

S'il était possible de donner, d'une manière générale et en peu de mots, la caractéristique du groupe des Tiliacées, nous dirions que les plantes qui le composent se reconnaissent dans la grande majorité des cas :

A leurs feuilles alternes, simples, accompagnées de deux stipules latérales;

A leurs fleurs régulières et hermaphrodites;

A leur calice polysépale, dont les folioles sont en préfloraison valvaire;

A leur corolle polypétale, dont les folioles sont alternes avec celles du calice et disposées en préfloraison imbriquée;

A leur androcée formé d'étamines nombreuses, dont les filets sont libres ou légèrement unis à la base, dont les anthères sont biloculaires;

A leur ovaire supère, à leurs carpelles toujours réunis;

A leurs placentas toujours pariétaux dans le jeune âge et persistant souvent tels jusqu'à l'anthèse.

Tels sont, en effet, les caractères qui appartiennent aux Tiliacées types, telles que les *Tilia*, les *Corchoropsis*, les *Hasseltia*, les *Corchorus*, les *Heliocarpus*, les *Grewia*, les *Elæocarpus*, etc.; mais près de ces types se rangent d'autres plantes qui, tout en conservant la majorité des caractères des premiers, s'en distinguent par l'absence d'un ou de quelques-uns.

Il est à remarquer toutefois que, dans toutes les plantes que nous rangeons dans le groupe des Tiliacées, on trouve la réunion des caractères suivants :

Un androcée formé d'étamines en plus grand nombre que celui des pièces du calice;

Un ovaire à carpelles réunis;

Des placentas toujours pariétaux dans le jeune âge.

Nous ne pensons pas qu'il faille séparer des Tiliacées les plantes qui, dans quelques-uns de leurs autres organes, présenteraient une organisation autre que celle des Tiliacées types.

Ainsi les plantes dont l'énumération suit ont l'organisation des Tiliacées, à l'exception de quelques organes faits sur un autre type:

Le *Plagiopteron* a des fleurs qui se rapprochent de celles du Tilleul; mais ses feuilles sont opposées.

On trouve dans les *Triumfetta*, les *Elæocarpus*, des fleurs monoïques, mais elles ne le sont jamais que par atrophie ou avortement des organes de l'autre sexe; la très-grande majorité des fleurs de Tiliacées sont hermaphrodites.

Le *Tricuspidaria* a tous les caractères des Tiliacées; sinon que son calice est gamosépale.

L'*Echinocarpus* a aussi tous les caractères que nous voyons au groupe des Tiliacées; mais la préfloraison de son calice est imbriquée.

Il en est de même des *Antholoma;* mais leur corolle, ou ce qui passe comme tel, est gamopétale.

Il en est de même aussi des *Sloanea*, qui n'ont pas de corolle.

D'ailleurs la présence de la corolle ne paraît pas être ici un caractère d'une grande valeur; car son existence ou son absence n'a pas empêché de réunir en un même genre des plantes pourvues de pétales et d'autres sans corolle. Ainsi, il existe une telle conformité d'organisation entre le *Triumfetta Lappula* apétale et les espèces munies d'une corolle, que l'on n'a pu admettre entre ces plantes que des différences spécifiques.

Ce qui est variable et peut servir à caractériser les séries et les genres, c'est :

La superposition ou l'alternance des étamines avec les pétales;

L'existence de faisceaux à étamines libres ou légèrement monadelphes;

L'existence des faisceaux stériles ou fertiles, la composition de ces faisceaux, leur position réciproque;

La présence ou l'absence de disques;

La conformation du réceptacle floral;

L'existence ou l'absence de fausses cloisons dans l'ovaire,

La nature du fruit;

La conformation et la position des ovules;

L'existence ou l'absence d'un calicule;

Les étamines introrses ou extrorses, leur mode de déhiscence;

La conformation de la corolle, etc.

La famille des Tiliacées, telle que nous la comprenons, peut être partagée en onze sections :

A. — Section des Tilleuls.

1. Tilia T. — Les fleurs des Tilleuls sont hermaphrodites et régulières. Le calice se compose de cinq sépales triangulaires; deux sont antérieurs, deux latéraux et un postérieur; la préfloraison en est valvaire; ils apparaissent sur le réceptacle dans l'ordre quinconcial. La corolle, polypétale, se compose de cinq pétales glanduleux, alternes avec les sépales, sans onglet; la préfloraison en est imbriquée; ils apparaissent simultanément sur le réceptacle floral. L'androcée se compose de dix faisceaux d'étamines, placés sur deux rangs, superposés aux pétales; chacun de ces faisceaux est légèrement monadelphe à la base; les anthères sont globuleuses, basculantes, extrorses et s'ouvrent longitudinalement. Ces étamines apparaissent successivement sur cinq gros mamelons superposés aux pétales. Le pistil se compose d'un ovaire supère, globuleux ou ovoïde, uniloculaire dans le jeune âge, formé par cinq feuilles carpellaires superposées aux sépales; le style est simple, terminé par cinq petits lobes stigmatifères superposés aux sépales. Les placentas sont au nombre de cinq, partent de l'axe floral, sont soulevés avec les feuilles carpellaires, restent pariétaux jusqu'à l'épanouissement de la fleur, ou se rejoignent; ils sont superposés aux pétales et portent chacun deux ovules. A l'époque de l'anthèse, l'ovaire est souvent partagé en cinq loges biovulées, superposées aux sépales. Les ovules sont collatéraux, ascendants, à raphé interne, à micropyle inférieur et externe.

Telle est particulièrement la composition de la fleur du *Tilia europæa*. Dans les *Tilia argentea*, *heterophylla*, *laxiflora*, *nigra*, etc., l'androcée est légèrement modifié. La partie supérieure du mamelon staminal se transforme en lame pétaloïde; de sorte qu'entre les étamines et le pistil, il existe un verticille de cinq lames, et ces cinq lames affectent la préfloraison imbriquée.

Le fruit est sphérique ou allongé, demi-charnu, indéhiscent, à cinq côtes; il ne contient le plus souvent qu'une graine, les autres étant atrophiées. La graine est lisse et renferme, sous des téguments durcis, un embryon droit, à radicule infère, entouré par un albumen charnu.

Les fleurs sont disposées en cymes à l'extrémité d'un axe d'inflorescence, qui semble naître d'une bractée. Ce n'est là qu'une apparence. Brunner et Payer ont montré que cette bractée est, à l'origine, parfaitement distincte, et qu'elle est latérale, tandis que l'axe d'inflorescence est axillaire, mais que plus tard axe et bractée sont soulevés ensemble, et réunis dans une certaine longueur.

Les Tilleuls sont des arbres des pays tempérés; leurs feuilles sont simples, alternes, accompagnées de deux stipules latérales caduques.

2. Plagiopteron Griff. — Les *Plagiopteron* sont de grands arbres des Indes orientales. Les fleurs sont disposées sur le type quatre, plus souvent sur le type trois. Le calice est formé de trois sépales très-courts, disposés dans le bouton en préfloraison valvaire; les trois pétales sont alternes, bien développés, affectant la préfloraison imbriquée; les étamines sont nombreuses, réunies en faisceaux superposés aux pétales; les filets sont libres, et les anthères globuleuses, basculantes, biloculaires, introrses. Il n'existe pas de disque. L'ovaire est globuleux, le style simple et obtus. Trois ou quatre placentas pariétaux s'avancent dans l'intérieur de l'ovaire et portent chacun deux ovules dressés à micropyle inférieur et externe. A l'époque de l'anthèse, l'ovaire présente trois ou quatre loges biovulées.

Le fruit est sec, indéhiscent; il a la forme d'une petite pyramide triangulaire, à base supérieure portant sur les arêtes trois ailes aplaties de haut en bas.

Les inflorescences sont axillaires et consistent en grappes de cymes.

3. Leptonychia Turcz. — Les *Leptonychia* sont des arbrisseaux qui croissent dans l'archipel Indien, la presqu'île de Malacca et l'Afrique tropicale. Leurs fleurs sont construites sur le type quatre ou sur le type cinq. Elles diffèrent de celles des genres précédents par la corolle, qui est rudimentaire, formée de cinq petits appen-

dices concaves, couverts de poils, disposés en préfloraison imbriquée ou valvaire ; par l'androcée composé de cette manière : les étamines sont sur deux verticilles ; l'un est formé de cinq faisceaux superposés aux pétales, l'autre de cinq étamines réduites au filet, superposées aux sépales. Dans chaque faisceau, les étamines sont monadelphes à la base ; les plus extérieures sont stériles ; les intérieures ont une anthère allongée à deux loges réunies sur le dos par le connectif, introrses, à déhiscence longitudinale. L'ovaire est d'abord uniloculaire, à quatre ou cinq lames placentaires portant chacune deux séries verticales d'ovules ; plus tard, il est partagé en cinq loges incomplètes, portant dans l'angle interne deux séries verticales d'ovules nés sur deux placentas différents.

Le fruit est globuleux ou pyriforme, sec, indéhiscent.

Les inflorescences sont axillaires et disposées en cymes.

B. — Section des Corchoropsis.

4. Corchoropsis Sieb. et Zucc. — Les fleurs des *Corchoropsis* sont hermaphrodites et régulières. Le calice se compose de cinq sépales, petits, triangulaires, persistants, disposés dans le bouton en préfloraison valvaire. La corolle, polypétale, se compose de cinq folioles ovales, alternes avec les sépales, sans onglet, disposés dans le bouton en préfloraison imbriquée. L'androcée est formé de trois verticilles d'étamines libres ; cinq sont superposées aux sépales, dix sont superposées par deux aux pétales ; ces deux verticilles sont composées d'étamines fertiles ; le troisième, qui est le plus élevé, est composé de cinq lames pétaloïdes superposées aux pétales : chaque lame est effilée à la base et aplatie en palette dans sa partie supérieure ; les anthères sont allongées, biloculaires, à connectif renflé, extrorses, et s'ouvrent par une fente longitudinale. Le pistil se compose d'un ovaire supère, allongé, poilu, uniloculaire dans le bouton, avec trois placentas pariétaux portant chacun deux séries verticales d'ovules ; plus tard il devient triloculaire,

et chaque loge contient deux séries verticales d'ovules dans l'angle interne. Le style est filiforme, terminé par un renflement stigmatifère trilobé. Les ovules sont ascendants, anatropes, avec le raphé extérieur, le micropyle intérieur et inférieur.

Le fruit est une silique loculicide s'ouvrant de bas en haut en trois valves, laissant dans l'axe le placenta filiforme, sinueux, portant les graines. Celles-ci contiennent un embryon droit, à radicule infère, entouré par un albumen abondant.

Les fleurs sont en cymes, ou plus souvent solitaires, axillaires, portées au bout d'un long pédoncule.

Les *Corchoropsis* sont des arbrisseaux du Japon, à rameaux tomenteux, arrondis; à feuilles simples, alternes, accompagnées de deux stipules latérales.

La section des *Corchoropsis* diffère donc de celle des Tilleuls par le calice persistant, par la composition particulière de l'androcée, par celle du gynécée et par le fruit siliquiforme.

C. — Section des Entelea.

5. Entelea R. Br. — Les fleurs des *Entelea* sont régulières et hermaphrodites. Le calice est polysépale, composé de quatre sépales colorés, triangulaires, disposés dans le bouton en préfloraison valvaire. La corolle est polypétale, formée de quatre pétales à limbe étalé, sans onglet, alternes avec les sépales et disposés dans le bouton en préfloraison imbriquée. L'androcée se compose de quatre faisceaux d'étamines fertiles, superposés aux sépales; les filets sont libres; les anthères sont globuleuses, basculantes, introrses, à déhiscence longitudinale. Le pistil se compose d'un ovaire sphérique, poilu, uniloculaire dans le jeune âge, formé par six, huit, dix ou un plus grand nombre de feuilles carpellaires; le style est court, évasé au sommet, partagé en huit, dix ou un plus grand nombre de pointes stigmatifères. Les placentas sont en nombre égal aux feuilles carpellaires, se soulèvent avec elles et sont d'abord libres entre eux et pariétaux, portant deux séries

d'ovules placés de côté et d'autre sur leur bord libre; plus tard, ces bords libres se rapprochent, s'unissent et déterminent autant de loges qu'il y a de placentas. Les ovules sont alors sur deux séries longitudinales dans l'angle interne; ils sont ascendants, horizontaux ou descendants et se touchent par leurs raphés.

Le fruit est une capsule hérissée d'épines, qui s'ouvre au sommet par désunion des placentas et par des fentes loculicides. Les graines sont attachées sur les placentas formant cloison et contiennent, sous leurs téguments, un embryon légèrement courbe, à cotylédons orbiculaires, à radicule conique.

Les *Entelea* sont des arbres de la Nouvelle-Zélande. Leurs feuilles sont alternes, bi-stipulées. Les inflorescences sont axillaires et consistent en groupes de cymes bipares.

6. Sparmannia L. — Les *Sparmannia* sont des arbrisseaux ou des arbres africains qui ont une très-grande ressemblance avec les *Entelea*. Comme eux, ils ont la fleur disposée ordinairement sur le type quatre, le calice coloré, les pétales sans onglet, les étamines superposées par groupes aux sépales. Le plus souvent, ils n'ont que quatre placentas pariétaux qui forment par leur rencontre quatre loges contenant deux séries verticales d'ovules dans l'angle interne. Le fruit est une capsule épineuse dont la déhiscence est loculicide. Mais l'androcée offre une structure particulière; chaque faisceau est monadelphe à la base; toutes les étamines ne sont pas fertiles ; les plus extérieures n'ont pas d'anthères; les filets portent de distance en distance et irrégulièrement de petites saillies glanduleuses; les inflorescences, qui ont l'apparence d'ombelles, sont des cymes unipares groupées à l'extrémité d'un long pédoncule.

7. Honckenya W. — Les *Honckenya* sont des arbres de l'Afrique tropicale, à feuilles simples, stipulées, palmatilobées. Leurs fleurs sont construites sur le type quatre ou plus souvent sur le type cinq. Le calice et la corolle rappellent les mêmes verticilles des deux genres précédents. Un disque très-peu sensible, annulaire, sépare l'insertion des pétales de celle des étamines.

L'androcée diffère de celui des *Entelea* et de celui des *Sparmannia*, mais se rapproche plus de celui de ce dernier genre. Les étamines stériles forment dix faisceaux, monadelphes à la base, superposés par deux aux pétales, et ressemblant à des franges; les étamines fertiles sont placées au-dessus des stériles et forment deux verticilles, l'un de dix étamines superposées par deux aux sépales, l'autre, plus élevé, comprenant cinq étamines également superposées aux sépales; les anthères sont allongées, bifurquées à la base et au sommet. L'ovaire est allongé, poilu, atténué en un style unique qui se sépare à sa partie supérieure en deux ou plusieurs cordons formés chacun de deux, trois ou cinq branches stigmatifères accolées. L'intérieur de l'ovaire est organisé comme dans l'*Entelea*, avec un nombre plus considérable de placentas ou de loges.

Le fruit est une capsule épineuse qui s'ouvre sur les côtés; la déhiscence en est loculicide.

Les fleurs sont solitaires et axillaires.

8. Apeiba Aubl. — Les *Apeiba* sont de grands arbres ou des arbrisseaux de la Guyane. La fleur est ordinairement formée sur le type cinq. Le périanthe est disposé comme celui des genres précédents; il n'existe pas de disque; le principal caractère est dans la composition de l'androcée. Les étamines sont très-nombreuses, toutes libres entre elles, à filets poilus; disposées, comme dans les genres de la même série, en autant de faisceaux qu'il y a de pièces au calice; elles ne sont pas toutes fertiles : les plus externes sont pétaloïdes et ne portent pas d'anthère, les moyennes ont une anthère incomplète, enfin les plus internes ont une anthère biloculaire qui rappelle la forme de celles des *Honckenya*. Les placentas pariétaux sont très-nombreux, chargés d'ovules; ils se rejoignent plus tard dans l'intérieur de l'ovaire et deviennent les cloisons de loges complètes. Aucun tissu n'occupe l'axe de l'ovaire; le style est creux, plus mince à la base qu'au sommet, où il est découpé en autant de petites lames triangulaires qu'il y a de loges.

Le fruit est volumineux, couvert de tubercules ou d'épines, et s'ouvre au sommet comme celui des *Entelea*. Les placentas deviennent charnus et enchâssent les graines.

Ce qui caractérise cette section, c'est la réunion des caractères suivants :

Étamines superposées par faisceaux aux sépales; absence de disque (celui de l'*Honckenya* est à peine sensible); le nombre des placentas ou de loges non égal à celui des sépales; le fruit épineux et déhiscent.

D. — Section des Muntingia.

9. Muntingia L. — Les fleurs des *Muntingia* sont hermaphrodites et régulières. Le calice est polysépale et se compose de cinq folioles triangulaires, barbues, disposées dans le bouton en préfloraison valvaire. La corolle est polypétale et se compose de cinq pétales membraneux, alternes avec les sépales, atténués à la base et disposés dans le bouton en préfloraison imbriquée. L'androcée se compose de deux ordres d'étamines nées sur un renflement du réceptacle; les plus extérieures forment ordinairement dix groupes de deux étamines à filets libres superposés par deux aux sépales; les intérieures sont stériles et représentées par cinq groupes de filaments superposés aux pétales; les anthères sont petites, globuleuses, biloculaires, introrses, à déhiscence longitudinale. Un petit disque annulaire sépare l'insertion des étamines de celle des feuilles carpellaires. Le gynécée se compose d'un ovaire conique, renflé à la base, d'un style court, terminé par cinq lobes stigmatifères réfléchis. Les placentas sont au nombre de cinq; d'abord pariétaux, et partant de l'axe de la fleur, ils divergent ensuite et sont soulevés avec les feuilles carpellaires, portant un très-grand nombre d'ovules; plus tard, chaque placenta s'unit à ses voisins et il se forme cinq loges incomplètes superposées aux pétales. Les ovules sont anatropes.

Le fruit est une baie sphérique surmontée par le style persistant. Les graines sont très-nombreuses; elles contiennent un embryon à cotylédons elliptiques, entouré par un albumen charnu.

Les fleurs sont axillaires et portées à l'extrémité d'un long pédoncule.

Les *Muntingia* sont des arbres de l'Amérique tropicale; leurs rameaux sont couverts de longs poils simples et de poils étoilés; les feuilles sont alternes, stipulées, à limbe denté, partagées inégalement en deux parties par la nervure médiane.

10. Hasseltia H. B. K. — Les *Hasseltia* sont des arbres de l'Amérique tropicale, dont les fleurs sont faites le plus souvent sur le type quatre, rarement sur le type trois. Le calice et la corolle offrent la même préfloraison que ceux des *Muntingia;* mais l'androcée diffère : toutes les étamines sont fertiles, à filets longs, libres, non portés sur un petit renflement du réceptacle et forment cinq faisceaux superposés aux pétales; les anthères sont celles du genre précédent. Le gynécée ne diffère de celui des *Muntingia* que par la forme de son ovaire et de son style qui sont allongés, de son stigmate qui est bilobé; le nombre de ses placentas pariétaux qui ne sont qu'au nombre de deux; mais l'évolution de ces placentas et la disposition des ovules en très-grand nombre, sont identiques.

Le fruit est une baie qui ne contient qu'un petit nombre de graines. L'embryon a la radicule supère, longue, et les cotylédons auriculés.

Les feuilles sont bi-stipulées et portent deux petites glandes à la base du limbe.

11. Prockia L. — Les *Prockia* sont des arbrisseaux de l'Amérique tropicale, dont la fleur est disposée sur le type trois. Les trois sépales ont la préfloraison valvaire et sont un peu révolutes. La corolle manque. Comme dans les genres de cette série, les étamines sont nombreuses, à filets libres; elles forment trois faisceaux superposés aux divisions du périanthe. Le disque n'existe pas. L'ovaire est construit sur le type trois; mais les placentas suivent la même évolution que ceux des *Hasseltia* et des *Muntingia*. Les ovules sont également très-nombreux.

Le fruit est une baie contenant un petit nombre de graines.

Cette section est caractérisée surtout par la disposition et l'évolution toute particulière des placentas; les portions libres des deux placentas voisins s'accolent, grossissent démesurément et forment dans chaque loge une masse chargée d'ovules qui, à l'époque de l'anthèse, semble descendre du haut de cette loge. Le fruit est une baie.

E. — Section des Corchorus.

12. Corchorus L. — Les fleurs des *Corchorus* sont hermaphrodites et régulières. Le calice se compose de quatre ou cinq sépales aigus, disposés dans le bouton en préfloraison valvaire. La corolle est polypétale, à quatre ou cinq pétales alternes avec les sépales, membraneux, insérés immédiatement au-dessus et disposés dans le bouton en préfloraison imbriquée. Un axe allongé sépare l'insertion des pétales de celle des étamines et est garni d'un disque souvent en forme de collerette. L'androcée se compose d'un très-grand nombre d'étamines, ou de huit, dix, selon les espèces, toutes fertiles, superposées par faisceaux aux sépales; les filets sont libres, grêles; les anthères sont globuleuses, basculantes, biloculaires, introrses et s'ouvrent longitudinalement. Le pistil se compose d'un ovaire supère, cylindrique, allongé, surmonté d'un long style, terminé par autant de lobes stigmatifères qu'il y a de placentas. Ceux-ci sont pariétaux dans le jeune âge et au nombre de deux à dix, selon les espèces; ils ont la forme de lames qui portent de chaque côté une série verticale d'ovules; plus tard, ces lames s'avancent dans l'intérieur de l'ovaire, se rencontrent souvent et le partagent en deux à dix loges incomplètes. Les ovules sont horizontaux ou dressés, à raphé intérieur, à micropyle extérieur et inférieur.

Le fruit est une capsule globuleuse ou allongée, se séparant par déhiscence loculicide en deux à dix valves. Les graines sont attachées en séries verticales de chaque côté de la valve où elles sont souvent enchâssées, séparées par une sorte de cloison ligneuse.

L'embryon est légèrement courbe, a la radicule infère, les cotylédons amples, et est entouré par un albumen charnu.

Les inflorescences sont axillaires et, selon les espèces, solitaires ou disposées en cymes d'un petit nombre de fleurs.

Les *Corchorus* sont des herbes, des arbrisseaux ou des arbres des parties chaudes de l'ancien et du nouveau continent. Leurs feuilles sont alternes, bi-stipulées, dentées, penninerviées.

13. Glyphæa Hook. f. — Les *Glyphœa* sont des arbres de l'Afrique tropicale dont les fleurs se rapprochent considérablement, comme composition, de celles des *Corchorus*. Elles sont construites sur le type quatre ou sur le type cinq; l'insertion des pétales se fait immédiaement au-dessus de celle des sépales; un disque sépare la corolle de l'androcée; les étamines sont très-nombreuses, toutes libres, superposées par faisceaux aux sépales; leur connectif se prolonge au-dessus des loges. Le fruit a la même composition que celui des *Corchorus;* mais le péricarpe est subéreux; la déhiscence en est septicide. Les graines sont disposées sur une seule série dans l'angle interne de la loge; chacune a un tégument dur et épais; la chalaze est coiffée d'une sorte de casque ligneux.

Ce qui caractérise cette section, c'est l'ensemble des caractères suivants :

Étamines toutes fertiles, superposées par faisceaux aux sépales; un disque ou un pied entre l'insertion de la corolle et celle de l'androcée; fruit capsulaire.

F. — Section des Triumfetta.

14. Triumfetta L. — Les fleurs des *Triumfetta* sont régulières et hermaphrodites (très-rarement unisexuées). Le calice est polysépale, à cinq sépales longs, triangulaires, disposés dans le bouton en préfloraison valvaire, avec les sommets divergents. La corolle est polypétale (elle manque souvent dans le *T. Lappula*), formée de cinq folioles alternes avec les sépales, rudimentaires ou bien développées, disposées dans le bouton en préfloraison

imbriquée, insérées sur l'axe un peu au-dessus des sépales ; elles ont un onglet convexe, bien marqué et le limbe entier. Un disque épais, annulaire, ou en collerette, ou à cinq lobes superposés aux sépales, selon les espèces, sépare l'insertion des pétales de celle des étamines. Celles-ci sont toutes fertiles, libres, superposées par faisceaux oligandres aux sépales ; les filets sont grêles ; les anthères basculantes, biloculaires, introrses. Le pistil se compose d'un ovaire globuleux, hérissé, et d'un style effilé. Les placentas sont d'abord pariétaux, le plus souvent au nombre de quatre, munis chacun, de chaque côté, d'un ou deux ovules. A l'époque de l'anthèse, ces placentas se sont avancés dans l'intérieur de l'ovaire et l'ont segmenté en quatre loges rarement complètes, bi- ou quadri-ovulées ; chacune est partagée incomplétement en deux fausses loges par une fausse cloison centripète. Les ovules sont descendants, anatropes, se tournent leur raphé, et ont le micropyle supérieur et externe.

Le fruit est sec, hérissé d'épines à sommet recourbé, déhiscent ou indéhiscent. Les graines renferment un embryon à radicule longue, supère, à cotylédons plans, foliacés ; il est entouré par un albumen charnu.

Les inflorescences sont axillaires ; les fleurs sont solitaires ou disposées en cymes.

Les *Triumfetta* sont des herbes ou des arbrisseaux dispersés dans la plupart des régions chaudes des deux continents. Leurs rameaux sont souvent couverts de poils étoilés ; leurs feuilles sont alternes, bi-stipulées, à limbe entier ou plurilobé.

15. Heliocarpus L. — Les *Heliocarpus* sont des arbres et des arbustes de l'Amérique tropicale, dont les fleurs sont construites sur le type quatre. Elles se rapprochent tellement de celles des *Triumfetta*, qu'on pourrait confondre les deux genres en un seul. Les différences sont peu importantes ; les deux disques sont peu prononcés, les étamines sont superposées par trois ou par cinq aux sépales ; l'ovaire est stipité, à deux loges, surmonté d'un style qui a son sommet partagé en deux branches bifides. Comme dans le

Triumfetta, il existe dans chaque loge une fausse cloison centripète. Les inflorescences sont terminales et consistent en cymes.

Le fruit est lenticulaire et porte sur ses bords de longues épines rayonnantes qui ont fait donner au genre le nom qu'il porte ; ces épines sont elles-mêmes divisées en petites épines nombreuses. Le fruit se sépare difficilement en deux parties par déhiscence loculicide.

16. ERINOCARPUS Nimmo. — Les *Erinocarpus* sont des arbres des Indes orientales, dont les fleurs ont presque entièrement la composition de celles des *Triumfetta*. On y trouve la disposition particulière du sommet des sépales, les deux disques de côté et d'autre de la corolle, l'onglet caractéristique des pétales, les fausses cloisons de l'ovaire. Ce qu'il y a ici de particulier, c'est la préfloraison de la corolle, qui est d'abord imbriquée ou contournée, puis valvaire ; et chaque pétale devient ensuite indupliqué un peu avant l'anthèse; c'est encore la composition de l'androcée, dont les étamines sont très-nombreuses et forment cinq faisceaux superposés aux sépales, légèrement monadelphes à la base ; l'ovaire est toujours construit sur le type trois.

Le fruit est ligneux, triquètre, épineux, pourvu de trois ailes et indéhiscent. Il ne renferme ordinairement que trois graines, qui ont la disposition et la composition de celle des *Triumfetta*.

17. LUHEA W. — Les *Luhea* sont des arbres et des arbrisseaux de l'Amérique tropicale. La fleur est entourée d'un calicule de huit, neuf, dix folioles disposées autour du bouton en préfloraison valvaire. Les étamines sont nombreuses, insérées un peu au-dessus de la corolle, groupées en cinq faisceaux superposés aux sépales, monadelphes à la base et garnis de longs poils ; les filets les plus extérieurs sont stériles; les placentas sont au nombre de trois à cinq, et d'abord pariétaux ; plus tard ils se rencontrent au centre de l'ovaire ou déterminent des loges souvent incomplètes. Des fausses cloisons centripètes partagent chaque loge en deux.

Le fruit est une capsule presque toujours velue, à péricarpe ligneux, entourée par le calicule persistant et accrescent, et s'ouvrant de haut en bas, par déhiscence loculicide, en trois à cinq valves.

Cette section réunit les caractères suivants : Corolle placée entre deux disques ou deux pieds; étamines superposées par faisceaux aux sépales; fausses cloisons ovairiennes; fruit sec.

G. — Section des Grewia.

18. Grewia L. — Les fleurs de *Grewia* sont hermaphrodites et régulières. Le calice est polysépale, coloré, et se compose de cinq sépales épais, disposés dans le bouton en préfloraison valvaire. La corolle manque, ou est rudimentaire, ou bien développée, selon les espèces; les cinq pétales sont alternes avec les sépales, insérés sur un renflement réceptaculaire charnu et annulaire placé au-dessus du calice; chacun d'eux est muni d'un onglet convexe, charnu, surmonté d'une écaille pétaloïde à bord supérieur ordinairement cilié; le limbe est souvent bifide; la préfloraison imbriquée. Un long pied sépare l'insertion des pétales de celle des étamines et porte un disque membraneux formé de cinq lobes poilus superposés aux pétales. Les étamines sont nombreuses, insérées sur le réceptacle renflé, toutes fertiles et disposées en cinq faisceaux superposés aux sépales; leurs filets sont libres, grêles, inégaux; les anthères sont globuleuses, basculantes, à deux loges, introrses dans le bouton, se renversant pour devenir extrorses lors de l'anthèse. Le pistil se compose d'un ovaire sphérique surmonté d'un style simple terminé par autant de petites lames stigmatifères bifurquées qu'il y a de loges. Dans la majorité des espèces, l'ovaire a, dans le bouton et même à l'époque de l'anthèse, deux placentas pariétaux portant chacun deux séries d'ovules, et présente deux fausses cloisons centripètes qui s'avancent entre les placentas; dans les autres, le nombre des placentas ou des loges, à l'époque de l'anthèse, varie de deux à cinq; les loges sont superposées aux pétales. Les ovules sont horizontaux, anatropes, et se regardent par leur raphé.

Le fruit est une drupe à un, deux, trois, quatre, cinq lobes, renfermant le même nombre de noyaux monospermes. Les graines sont sphériques et contiennent, sous un albumen peu abondant, un embryon à cotylédons larges et épais.

Les inflorescences sont axillaires et disposées en cymes.

Les *Grewia* sont des arbres et des arbrisseaux des contrées chaudes de l'ancien continent et de l'Océanie; leurs feuilles sont stipulées, alternes, simples, entières ou dentées.

19. Belotia A. Rich. — Les *Belotia* sont des arbres du Mexique et de Cuba, dont les fleurs ont le périanthe des *Grewia*. Un long pied sépare l'insertion de la corolle de celle des étamines. Celles-ci sont portées au-dessus d'un gros disque poilu, libres, toutes fertiles, à filets courts et inégaux. L'ovaire est poilu, surmonté d'un style terminé par deux branches courtes multifides et renferme deux fausses cloisons. Les placentas sont au nombre de deux et portent des ovules à la manière de ceux des *Grewia*.

Le fruit est une capsule comprimée, cordiforme, dont la déhiscence est d'abord loculicide, puis septicide.

20. Columbia Pers. — Les *Columbia* sont des arbres de l'Asie tropicale, dont les fleurs ont une très-grande ressemblance avec celles des *Grewia*. Elles n'en diffèrent guère que par la préfloraison valvaire de la corolle, le nombre constant des placentas ou des loges, qui est toujours de quatre, le nombre constant des ovules qui est de quatre dans chaque loge, la direction des ovules; ils se tournent le dos, sont ascendants, anatropes, à micropyle inférieur et externe.

Le fruit est une capsule à quatre ailes, à déhiscence septicide. Les feuilles ont un limbe auriculé partagé inégalement par la nervure médiane.

21. Diplophractum Desf. — Les *Diplophractum* sont des arbres de l'Asie tropicale. Leurs fleurs ne diffèrent guère de celles des *Grewia* qu'en ce que les faisceaux d'étamines sont légèrement monadelphes à la base, que l'ovaire a toujours cinq feuilles carpellaires superposées aux pétales, cinq placentas pariétaux portant

deux séries d'ovules et plus tard cinq loges incomplètes. Cinq fausses cloisons centripètes partagent chaque loge en deux moitiés.

Le fruit est sec, indéhiscent, cotonneux extérieurement, portant cinq ailes sinueuses sur le dos des loges. « Les graines sont brunes, ovales, parsemées de petits enfoncements, entourées d'un arille. Les téguments en sont coriaces et épais; l'embryon est placé à la base de la graine, accompagné d'un albumen charnu. » (Desfontaines.)

Les fleurs sont disposées en cymes axillaires et groupées par trois dans un involucre de trois bractées.

Ce qui distingue cette section, c'est l'ensemble des caractères suivants : Chaque pétale porte à sa base un renflement charnu ou une écaille; un long pied sépare l'insertion des pétales de celle des étamines; celles-ci sont portées au-dessus du disque et toutes fertiles; l'ovaire est muni de fausses cloisons.

H. — Section des Sloanea.

22. Sloanea L. — Les fleurs des *Sloanea* sont hermaphrodites et régulières. Le calice est polysépale et se compose de quatre sépales épais, triangulaires, disposés dans le bouton en préfloraison valvaire. La corolle manque. Les étamines sont toutes fertiles, insérées immédiatement au-dessus du calice et superposées par faisceaux aux sépales. Les filets sont courts, libres; les anthères allongées, biloculaires, s'ouvrant sur les côtés par une fente longitudinale. Le gynécée se compose d'un ovaire allongé surmonté d'un style effilé. A l'âge adulte, l'ovaire est partagé en quatre loges pluriovulées, alternes avec les sépales. Les ovules sont placés sur deux séries verticales, dans l'angle interne de la loge, et se tournent leur raphé.

Le fruit est une capsule épineuse dont la déhiscence est loculicide. Les graines possèdent un embryon entouré par un albumen charnu.

Les inflorescences sont en cymes axillaires.

Les *Sloanea* sont de grands arbres de l'Amérique tropicale, à feuilles alternes, simples, penninerviées.

23. Dasynema Schott. — Les *Dasynema*, que plusieurs botanistes réunissent aux *Sloanea*, sont aussi de grands arbres de l'Amérique tropicale. Ils ne diffèrent des *Sloanea* que par la présence d'un disque annulaire et charnu sur lequel sont implantées les étamines, et par les loges de l'ovaire superposées aux sépales.

24. Echinocarpus Bl. — Les *Echinocarpus* sont de grands arbres de l'Australie et des Indes orientales, à fleurs construites sur les types trois, quatre ou cinq. Ils diffèrent des *Dasynema* par leur calice, dont la préfloraison est imbriquée, et par la présence d'une corolle qui est polypétale, à folioles laciniées ou divisées. L'ovaire et le fruit offrent des caractères identiques avec les mêmes organes des *Sloanea*.

25. Forgetina (1). — Les *Forgetina* sont des arbres de la Guyane, dont les fleurs ont le disque annulaire des *Dasynema* et sont construites sur le type cinq. Le calice est persistant et affecte assez souvent la préfloraison imbriquée; les étamines sont très-nombreuses, toutes fertiles et ont les anthères en massue.

(1) Ce genre, que nous dédions à M. Forget, secrétaire de la Faculté de médecine et horticulteur distingué, a pour caractères :

Calice polysépale, persistant, formé de quatre sépales disposés dans le bouton en préfloraison valvaire ou subimbriquée. Corolle nulle. Disque épais, glanduleux, au-dessus du calice. Androcée d'un grand nombre d'étamines toutes fertiles, à filets libres, cylindriques, surmontés d'une anthère en massue, biloculaire, introrse, à déhiscence longitudinale. Ovaire à quatre ou à cinq angles, uniloculaire, allongé, surmonté d'un long style formé de branches réunies, enroulées en spirale, et terminé par quatre ou cinq petites lobes stigmatifères divergents. Ovules formant deux séries verticales sur chaque lame placentaire (ils sont horizontaux et descendants avec micropyle supérieur et interne).

Le fruit est inconnu.

Les inflorescences sont sessiles sur les rameaux et consistent en masses de glomérules.

Les *Forgetina* sont des arbres de la Guyane, à feuilles alternes, simples, à limbe penninervié, accompagnées de deux petites stipules latérales caduques.

L'espèce analysée est le *Forgetina guianensis*, rapporté de la Guyane par Perrottet en 1821 (herb. Mus.).

Les placentas restent pariétaux, même à l'époque de l'anthèse. Les inflorescences sont portées directement sur les rameaux et consistent en un grand nombre de glomérules.

26. Antholoma Labill. — Les *Antholoma* sont des arbres de la Nouvelle-Calédonie. Leurs fleurs diffèrent de celles des *Dasynema* par leur calice en forme de sac se fendant à l'âge adulte, par leur corolle gamopétale à bord supérieur déchiqueté; mais elles s'en rapprochent par la présence du gros disque annulaire sur lequel sont insérées les étamines, par la forme de ces étamines dont le connectif est prolongé en pointe, par leur déhiscence qui se fait à partir du haut de la loge. L'ovaire est de même uniloculaire dans le jeune âge, avec au moins quatre placentas pariétaux.

Le fruit est sphérique, a la consistance du liége irrégulièrement déhiscent à sa maturité.

27. Duboscia (1). — Les *Duboscia* sont des arbres de l'Afrique australe, dont les fleurs sont placées par trois dans un invo-

(1) Ce genre, que nous dédions à M. Dubosc, offre les caractères suivants :

Les fleurs sont groupées par trois dans un involucre formé de trois bractées qui offrent entre elles la disposition valvaire. Chaque fleur est régulière et hermaphrodite. Le calice se compose de cinq sépales épais, triangulaires, disposés dans le bouton en préfloraison valvaire. La corolle est formée de quatre pétales épais, en cuilleron, insérés au-dessus des sépales et alternes avec eux. L'androcée est porté sur un disque annulaire et épais; il se compose d'un très-grand nombre d'étamines toutes fertiles groupées par faisceaux superposés aux pétales; les filets sont d'autant plus longs qu'ils sont plus intérieurs; ils sont libres entre eux; les anthères sont arrondies, biloculaires, introrses, et s'ouvrent par une fente longitudinale. Le gynécée se compose d'un ovaire allongé, surmonté d'un style court terminé par huit petites branches stigmatifères. A l'âge adulte, l'ovaire est partagé en huit loges complètes, portant dans l'angle interne deux rangées verticales d'ovules. Ceux-ci sont horizontaux, anatropes, et se tournent leur raphé.

Le fruit est volumineux, sphérique, creusé dans son axe, a la consistance du liége et renferme dans son intérieur un grand nombre de graines enchâssées.

Les inflorescences sont axillaires et consistent en cymes de petits fascicules contenant chacun trois fleurs.

Les *Duboscia* sont de grands arbres de l'Afrique du Sud; leurs feuilles sont alternes, entières, bistipulées. L'espèce que nous avons analysée est le *Duboscia macrocarpa*, rapporté d'Afrique par M. G. Mann, sous le n° 1759 (herb. Mus. et herb. Kew).

lucre et sont construites sur le type cinq. Elles diffèrent de celles des *Sloanea* par la présence de quatre petits appendices poilus, pétaloïdes, placés au-dessus des sépales et alternes avec eux. Les étamines sont groupées en quatre faisceaux superposés aux pétales; les anthères sont globuleuses, biloculaires et introrses. L'ovaire renferme huit loges contenant chacune deux séries verticales d'ovules dans l'angle interne.

Le fruit est sphérique, montrant à sa surface des côtes et des dépressions, ayant la consistance du liége, indéhiscent, creux dans son axe et contenant enchâssées des graines disposées en séries verticales.

Les feuilles sont entières, simples, partagées inégalement par la nervure médiane.

28. Desplatsia (1). — Les *Desplatsia* sont de grands arbres de l'Afrique australe, à fleurs construites sur le type cinq dans toutes leurs parties. Elles diffèrent de celles des *Duboscia* par les pétales bien développés et munis d'un onglet charnu; par leur androcée formé d'étamines monadelphes, disposées en

(1) Ce genre, que nous dédions à M. Desplats, professeur agrégé à la Faculté de médecine de Paris, offre les caractères suivants :

Les fleurs sont régulières et hermaphrodites. Elles sont construites sur le type cinq. Le calice est polysépale à cinq folioles disposées dans le bouton en préfloraison valvaire condupliquée. La corolle se compose de cinq pétales courts, alternes avec les sépales, présentant à la base un onglet charnu, affectant la préfloraison imbriquée. L'androcée est formé d'un grand nombre d'étamines monadelphes à la base seulement, disposées en cinq faisceaux superposés aux pétales; les filets sont libres dans la plus grande partie de leur étendue; les anthères sont globuleuses, basculantes, biloculaires, introrses dans le bouton, extrorses dans l'anthèse. Le gynécée se compose d'un ovaire allongé surmonté d'un long style dont le sommet est ouvert et a les bords découpés. Il renferme cinq loges superposées aux sépales et contenant chacune dans l'angle interne deux séries verticales d'ovules horizontaux, anatropes, se tournant leur raphé.

Le fruit est volumineux, ovoïde, a la consistance du liége, est creusé dans son axe et renferme un grand nombre de graines enclavées dans son tissu.

Les inflorescences sont axillaires et consistent en cymes bipares. Les *Desplatsia* sont de grands arbres de l'Afrique du Sud; leurs feuilles sont alternes, simples, bistipulées, à limbe penninervié. L'échantillon que nous avons analysé est le *Desplatsia subericarpa*, rapporté d'Afrique par M. G. Mann sous le n° 1695 (herb. Mus. et herb. Kew).

cinq faisceaux, à filets libres, superposés aux pétales; par leurs anthères basculantes. Le gynécée a la constitution de celui des *Duboscia*, mais il ne renferme que cinq loges. Le fruit est également subéreux et ne diffère de celui du genre précédent que par la forme. Les inflorescences consistent en cymes bipares ; les fleurs ne sont pas groupées dans un involucre.

29. Ancistrocarpus Oliv. — Les *Ancistrocarpus* sont des arbrisseaux de l'Afrique tropicale occidentale. Leurs fleurs sont construites sur le type quatre. Elles diffèrent de celles des *Desplatsia* par leur corolle bien développée, à pétales très-larges; par leur androcée constitué par quatre faisceaux d'étamines superposés aux pétales et monadelphes à la base, par les anthères linéaires, à connectif saillant au sommet; par leur ovaire uniloculaire à quatre, cinq, six placentas pariétaux ; par leur fruit épineux ; mais ce fruit a la consistance de celui des *Duboscia* et des *Desplatsia;* les graines sont de même enclavées dans des logettes.

30. Græffea Seem. — Les *Græffea* sont des arbres des îles Viti qui, d'après la description et les figures de M. Seeman (*in* Seem , *Journ. of Bot.*, 1864, p. 71), ont le calice et l'androcée des *Sloanea;* mais chaque fleur est munie d'un calicule de trois folioles ; et l'ovaire n'a que deux loges multiovulées.

Tous les genres de cette section ont un très-grand nombre d'étamines à filets libres, le plus souvent portées sur un disque annulaire et charnu. Les pétales, lorsqu'ils existent, ne sont jamais involutés. Le fruit est sec, souvent garni d'épines.

I. — Section des Elæocarpus.

31. Elæocarpus L. — Les *Elæocarpus* ont les fleurs régulières et hermaphrodites. Le calice est polysépale, composé de cinq folioles disposées dans le bouton en préfloraison valvaire. La corolle est polypétale, formée de cinq pièces alternes avec les sépales, insérés sur une partie renflée du réceptacle ; le limbe est plus ou moins lacinié ou lobé au sommet; la préfloraison en

est valvaire indupliquée. Les étamines sont insérées au-dessus d'un disque glanduleux, plurilobé, et groupées en dix faisceaux; cinq sont superposés aux pétales, cinq autres, réduits souvent à une seule étamine, sont alternes; les filets sont libres, inégaux, d'autant plus grands qu'ils sont élevés sur le réceptacle; les anthères sont étroites, allongées, biloculaires, à connectif prolongé supérieurement en corne; elles s'ouvrent au sommet par deux fentes courtes et latérales qui simulent une déhiscence porricide unique. Le gynécée se compose d'un ovaire pyriforme surmonté d'un style terminé en pointe. Les placentas sont d'abord pariétaux, au nombre de deux, trois, quatre ou cinq, et persistent souvent jusqu'à l'âge adulte; ils vont dans l'intérieur à la rencontre l'un de l'autre et déterminent ainsi deux, trois, quatre ou cinq loges rarement complètes. Les ovules sont d'abord placés sur deux séries verticales à la partie libre de chaque placenta; ils sont suspendus, anatropes, à raphé touchant le placenta, à micropyle supérieur et externe. Plus tard, ils apparaissent dans l'angle interne des loges sur deux séries et se tournent leur raphé.

Le fruit est une drupe à noyau unique, chagriné, partagé en deux, trois, quatre ou cinq loges contenant un petit nombre de graines. Chacune d'elles renferme un embryon entouré d'un albumen charnu.

Les inflorescences sont axillaires et consistent en grappes simples. Chaque fleur est à l'aisselle d'une bractée.

Les *Elæocarpus* sont des arbres des Indes orientales et de l'Australie; leurs feuilles sont alternes, entières, penninerviées.

32. Vallea Mutis. — Les *Vallea* sont des arbres des régions montagneuses du Chili et de la Nouvelle-Grenade. Leurs fleurs ont le calice des *Elæocarpus;* les pétales sont insérés immédiatement au-dessus du calice, trilobés au sommet; le lobe médian recouvre les deux autres dans le bouton; la préfloraison est imbriquée. Les étamines sont insérées immédiatement au-dessus de la corolle; leurs filets sont libres, larges et poilus, s'amincissent au sommet, où ils portent une anthère longue, biloculaire, à sommet obtus, s'ou-

vrant seulement au haut de la fente longitudinale. Un disque épais et glanduleux sépare l'insertion des étamines de celle des feuilles carpellaires. L'ovaire est construit sur le type quatre et a la composition de celui des *Elæocarpus*.

Le fruit a la portion extérieure du péricarpe charnue et garnie de tubercules; il contient quatre noyaux complets et s'ouvre au sommet en quatre valves loculicides, qui portent des graines sur leur milieu.

Les inflorescences sont axillaires et disposées en cymes unipares.

33. TRICUSPIDARIA Ruiz et Pav. — Les *Tricuspidaria* sont des arbres du Chili, dont les fleurs rappellent celles des genres précédents. Elles en diffèrent par leur calice gamosépale, urcéolé, caduc, se fendant à l'époque de l'anthèse. Les pétales sont ceux des *Vallea*, avec la préfloraison des *Elæocarpus*. Un disque charnu sépare l'insertion des pétales de celle des étamines. Celles-ci sont groupées par trois, quatre, superposées aux pétales et enveloppées par ceux-ci dans la préfloraison; les filets sont libres; les anthères sont allongées, biloculaires et s'ouvrent sur le côté par deux fentes longitudinales. L'ovaire est celui des *Elæocarpus* et des *Vallea*.

Le fruit est une capsule dont la déhiscence est loculicide; il s'ouvre de haut en bas en quatre valves, qui restent unies à la base. Les graines sont peu nombreuses, attachées, comme celles des *Vallea*, des deux côtés d'une lame saillante qui occupe la ligne médiane de chaque valve; leur embryon est entouré par un albumen charnu.

Les inflorescences sont axillaires et consistent en fleurs solitaires.

34. DUBOUZETIA Panch. — Les *Dubouzetia* sont de grands arbres de la Nouvelle-Calédonie, dont les fleurs ont la plus grande ressemblance avec celles des *Tricuspidaria*. Elles se rapprochent tellement de celles qui appartiennent, dans ce genre, à la section *Crinodendron*, que les dissemblances sont presque inappréciables.

La seule différence est dans la déhiscence du fruit, qui, selon MM. Brongniart et Gris, est septicide dans les *Dubouzetia*, tandis qu'elle est loculicide dans les *Tricuspidaria*.

Cette section est caractérisée par la réunion des caractères suivants : étamines toutes fertiles disposées par faisceaux au-dessus d'un disque annulaire ; anthères dont la déhiscence se fait au sommet de fentes longitudinales ; pétales souvent involutés.

J. — Section des Aristotelia.

35. Aristotelia Lhér. — Les *Aristotelia* ont les fleurs régulières et hermaphrodites. Le calice est polysépale, formé de cinq sépales insérés sur les bords d'un réceptacle concave et disposés dans le bouton en préfloraison valvaire. La corolle est polypétale, formée de cinq pétales membraneux, à onglet court, alternes avec les sépales et affectant la préfloraison imbriquée. L'androcée se compose de quinze étamines insérées sur un rebord convexe du réceptacle concave ; elles sont toutes fertiles ; cinq sont superposées aux sépales, et dix sont superposées par paires aux pétales ; les filets sont libres ; les anthères sont basifixes, biloculaires, introrses et déhiscentes au sommet seulement de chaque fente longitudinale. Le gynécée est placé au fond du réceptacle ; il se compose d'un ovaire sphérique, surmonté d'un style unique formé de trois branches qui deviennent divergentes au sommet. Les placentas sont au nombre de trois ou quatre, portant chacun deux ovules, et pariétaux dans le bouton. A l'époque de l'anthèse, ils se sont rapprochés et ont formé trois loges incomplètes biovulées. Les ovules sont, à l'âge adulte, placés dans l'angle interne de la loge, collatéraux, ascendants, hémitropes, à raphé interne, à micropyle inférieur et extérieur.

Le fruit est une baie tri- ou quadrilobée qui contient un nombre variable de graines ; chacune d'elles renferme un embryon à radicule infère, à cotylédons arrondis, entouré par un albumen charnu et abondant.

Les *Aristotelia* sont des arbustes à feuilles opposées, stipulées, penninerviées, qui croissent au Chili, dans la Tasmanie et à la Nouvelle-Zélande. Les fleurs sont disposées en cymes axillaires et sont parfois unisexuées.

Cette section est la seule parmi les Tiliacées dont les fleurs aient le réceptacle concave. Ce caractère les rapproche des Diptérocarpées; mais comme *tous* les autres caractères sont ceux des Tiliacées, nous avons cru convenable de laisser les *Aristotelia* dans ce dernier groupe. Ne sait-on pas, d'ailleurs, aujourd'hui, qu'il n'y a presque pas de familles dites naturelles qui n'aient à la fois des plantes à réceptacle convexe et d'autres à réceptacle concave; et, pour n'emprunter un exemple qu'à des plantes des groupes voisins, les *Cheirostemon*, les *Eriodendron*, bien qu'ayant un réceptacle concave, ne sont-ils pas réunis à des genres dont le réceptacle est convexe? Les *Visnea*, les *Anneslea* à ovaire infère, ne sont-ils pas dans le même groupe que les *Cleyera* et les *Ternstrœmia* à ovaire supère?

K. — Section des Berrya.

36. Berrya Roxb. — Les fleurs des *Berrya* sont régulières et hermaphrodites. Le calice est gamosépale, campanulé, à cinq divisions disposées dans le bouton en préfloraison valvaire. La corolle est polypétale et se compose de cinq pétales allongés, sans onglet, alternes avec les sépales et disposés dans le bouton en préfloraison imbriquée ou tordue. L'androcée se compose d'un nombre indéfini d'étamines, toutes fertiles, insérées un peu au-dessus des pétales, monadelphes à la base seulement; les anthères sont globuleuses, basculantes, biloculaires, introrses, à déhiscence longitudinale. Le gynécée se compose d'un ovaire d'abord uniloculaire, avec trois placentas pariétaux portant chacun deux séries verticales d'ovules, triloculaire à l'époque de l'anthèse; le style est formé de trois branches libres ou réunies, terminées chacune par un renflement stigmatifère. Les ovules sont suspendus, anatropes, à raphé extérieur, à micropyle supérieur et interne.

Le fruit est une capsule entourée à la base par le calice fendu, la corolle et les étamines desséchées ; il porte six ailes disposées par paires; la déhiscence en est loculicide. Les graines sont au nombre de une ou deux dans chaque loge; l'enveloppe externe est mince, couverte de gros poils; l'interne est dure et épaisse; l'embryon a la radicule supère, les cotylédons elliptiques, et est entouré par un albumen peu abondant.

Les inflorescences sont axillaires ou terminales et consistent en cymes pauciflores.

Les *Berrya* sont des arbres de l'Asie tropicale et de Cuba. Leurs feuilles sont alternes, cordiformes, entières, accompagnées de stipules.

Ce genre qui, par tant de caractères, appartient aux Tiliacées, se rapproche singulièrement des Malvacées et particulièrement du genre *Hoheria;* il en a le fruit, la direction des ovules ; les styles semblent être les prolongements des placentas et sont souvent indépendants. Mais, dans les *Hoheria*, les étamines sont attachées par groupes aux pétales, tandis que dans les *Berrya* les étamines sont légèrement monadelphes à la base et indépendantes de la corolle.

DESCRIPTION DE QUELQUES GENRES ÉLOIGNÉS DU GROUPE DES TILIACÉES ET RÉPARTIS DANS LES ORDRES VOISINS.

Bien que toutes les plantes admises par MM. Bentham et Hooker dans leur Ordre de Tiliacées, aient un air de famille, certaines d'entre elles se rapprochent plus des groupes voisins. Ainsi les *Trichospermum* et les *Mollia* ont jusque dans le fruit les caractères de placentation des Bixacées; les *Brownlowia*, les *Pentace*, les *Pityranthe*, les *Christiana*, ont le gynécée des *Sterculia;* le *Schoutenia* nous a paru se rapprocher des Malvacées; quant au *Ropalocarpus*, nous en donnerons les caractères sans pouvoir préciser à quel groupe il appartient. Les fleurs de *Diplodiscus*, que nous avons examinées au jardin de Kew, nous ont présenté tous les caractères des *Brownlowia*. Les *Carpodiptera* ne différant des *Berrya* que par la forme des styles, nous les avons réunis à ce dernier genre, qui, du reste, dans ses propres espèces, présente tantôt des styles libres et divergents, tantôt des styles réunis.

Bixacées.

Trichospermum Bl. — Les fleurs des *Trichospermum* sont régulières et hermaphrodites. Leur calice est polysépale et se compose de cinq sépales disposés dans le bouton en préfloraison valvaire. La corolle est polypétale, formée de cinq pétales alternes avec les folioles du calice, insérés sur un disque annulaire; ils ont un onglet concave, poilu sur les bords; la préfloraison en est imbriquée. Un disque renflé et élevé sépare l'insertion des pétales de celle des étamines. Celles-ci sont nombreuses, toutes fertiles, et forment cinq faisceaux superposés aux pétales; les filets sont libres; les anthères sont globuleuses, basculantes, biloculaires, introrses et s'ouvrent par deux fentes longitudinales. Le gynécée se compose d'un ovaire allongé qui se continue sans ligne de démarcation en un style simple à sommet tubuleux. Les placentas sont au nombre de deux et pariétaux; ils portent chacun deux rangées verticales et parallèles d'ovules anatropes qui se tournent leur raphé.

Le fruit est une capsule de forme losangique, renflée sur le milieu, s'atténuant sur les bords en forme d'ailes. Elle contient quatre séries verticales de graines groupées par paires sur les placentas pariétaux persistants, et se sépare incomplétement en deux valves par déhiscence loculicide. Les graines sont poilues et contiennent sous leurs téguments un embryon à cotylédons plans, orbiculaires, renfermé dans un albumen charnu.

Les inflorescences consistent en cymes axillaires.

Les *Trichospermum* sont des arbres javanais, à feuilles alternes, stipulées, à limbe obtus, auriculé et trinervié à la base.

Mollia Mart. — Les *Mollia* sont des arbres de l'Amérique équinoxiale, couverts de poils peltés. Leurs fleurs diffèrent essentiellement de celles des *Trichospermum* par leur androcée, qui se compose de dix faisceaux d'étamines, monadelphes dans la plus grande partie de leur étendue; cinq sont superposés aux sépales et renferment des étamines en plus grand nombre que ceux qui sont superposés aux pétales; les anthères sont allongées, sagittées, à deux loges divergentes au sommet et à la base, introrses, s'ouvrant au sommet de deux fentes longitudinales. Le gynécée offre la composition de celui des *Trichospermum;* le style est grêle, allongé.

Le fruit est une capsule ligneuse surmontée d'une crête en forme de croissant qui l'entoure en partie; la déhiscence en est loculicide. Les graines sont nombreuses, attachées sur les placentas et placées chacune dans des logettes superposées; elles sont lisses et renferment un embryon à cotylédons membraneux, entouré par un albumen peu abondant.

Les inflorescences sont axillaires et paraissent être des ombelles; mais elles sont en réalité disposées en cymes unipares; les pédicelles des fleurs sont d'autant plus courts qu'ils appartiennent à une génération plus nouvelle.

Sterculiacées.

Brownlowia Roxb. — Les fleurs des *Brownlowia* sont hermaphrodites. Le calice est gamosépale, fendu en avant à l'époque de l'anthèse, à cinq divisions inégales disposées dans le bouton en préfloraison valvaire. La corolle est polypétale, à cinq pétales alternes avec les divisions du calice, à onglet court, à limbe étalé, disposés dans le bouton en préfloraison imbriquée. L'androcée se compose de dix faisceaux d'étamines, monadelphes à la base seulement et insérés sur un renflement qui entoure la base de l'ovaire; cinq de ces faisceaux sont superposés aux sépales, stériles, réduits à une lame pétaloïde; cinq sont superposées aux pétales et fertiles; leurs filets sont grêles, allongés; les anthères sont globuleuses, basculantes, biloculaires, introrses et ont la déhiscence longitudinale. Le gynécée se compose de cinq carpelles libres biovulés; et les styles, quoique distincts, s'accolent les uns aux autres. Les ovules sont attachés dans l'angle interne, l'un au-dessus de l'autre, ascendants, hémitropes, à raphé intérieur, à micropyle inférieur et externe.

Le fruit est sphérique; il n'est ordinairement formé que d'un seul carpelle, par suite de l'atrophie des autres.

Les inflorescences sont terminales et disposées en cymes.

Les *Brownlowia* sont des arbres de l'Asie tropicale; leurs feuilles sont alternes, stipulées, entières.

Pentace Hassk. — Les *Pentace* sont des arbres de la presqu'île de Malacca et de Java. Les fleurs diffèrent de celles des *Brownlowia* par leur calice à divisions égales, le long onglet des pétales, la disposition de leurs faisceaux d'étamines; les faisceaux fertiles sont superposés aux sépales et ont les étamines extrorses; ceux en lame pétaloïde sont superposés aux pétales et plus intérieurs.

Le fruit est ligneux, à trois, quatre ou cinq ailes membraneuses; il ne renferme le plus souvent qu'une graine dressée, tomenteuse sur la chalaze et autour du micropyle. L'embryon est petit, à radicule infère, à cotylédons elliptiques, et est entouré par un albumen charnu.

Les inflorescences sont terminales et consistent en grappes de cymes.

Pityranthe Thw. — Les *Pityranthe* sont des arbres de Ceylan. Leurs fleurs ont le calice des *Pentace* et la corolle polypétale à préfloraison cochléaire ou imbriquée. Les étamines sont, comme dans les deux genres précédents, insérées un peu au-dessus de la corolle; cinq faisceaux, comprenant chacun trois étamines, sont superposés aux divisions du calice; les filets sont grêles, élargis au sommet et portent une anthère à deux loges divergentes à la base, extrorse, à déhiscence longitudinale; cinq groupes de staminodes réunis en lame pétaloïde et portant parfois des traces d'anthère atrophiée, sont superposés aux pétales. Les carpelles sont libres à la base, mais les styles sont réunis en une colonne unique. Chaque carpelle contient deux ovules collatéraux attachés dans l'angle interne au-dessus l'un de l'autre ; ils diffèrent de ceux du *Brownlowia* et du *Pentace* en ce qu'ils sont descendants, anatropes, à raphé extérieur, à micropyle supérieur et interne.

Le fruit est une capsule pyriforme, à parois papyracées, se séparant par déhiscence loculicide en cinq valves qui s'ouvrent de la base au sommet et laissent entre elles un axe central auquel elles restent attachées par leur sommet. En ce point est fixée une graine dans chaque loge; elle est globuleuse, à téguments externes constellés de poils étoilés, et renferme un embryon à radicule supère, entouré par un albumen charnu.

Christiana D.C. — Les *Christiana* sont des arbres de l'Afrique tropicale. Leurs fleurs ont le calice et la corolle des *Brownlowia;* les étamines sont toutes fertiles, monadelphes à la base et ont leurs anthères extrorses; les cinq carpelles qui forment leur gynécée sont libres et contiennent des ovules qui ont la position et la direction de ceux des *Pityranthe.* Le calice persiste autour du fruit qui se compose de cinq capsules parfaitement distinctes, ne renfermant ordinairement qu'une graine et s'ouvrant par déhiscence loculicide.

Ropalocarpus Boj. — Les fleurs du *Ropalocarpus* sont régulières et hermaphrodites. Le périanthe est formé de huit folioles semblables, constituant deux verticilles à éléments imbriqués. Les étamines sont nombreuses, libres, portées immédiatement au-dessus du périanthe; les filets sont grêles, longs; les anthères portées au haut du filet, biloculaires, à loges divergentes à la base, extrorses, à déhiscence longitudinale. Au-dessus de l'androcée, le réceptacle s'élève sous forme d'un petit pied, puis se renfle en un gros bourrelet annulaire. Le pistil est placé sur le bourrelet ; il se compose d'un ovaire biloculaire, surmonté d'un long style coudé. Les ovules sont au nombre de trois dans chaque loge, insérés à la base ; ils sont dressés, anatropes, à raphé externe, à micropyle inférieur et interne.

Le fruit est une sphère sèche, couverte de grosses épines courtes (?).

Les inflorescences sont axillaires et consistent en cymes unipares.

Les *Ropalocarpus* sont des arbres de Madagascar, à feuilles alternes, stipulées, simples, à nervation pennée.

III. AFFINITÉS NATURELLES.

I. — Les Bixacées, telles que les avait caractérisées Kunth, ne différaient, disait-il, des Tiliacées que par leurs placentas pariétaux. Une étude plus approfondie des Tiliacées nous a démontré que tous leurs genres ont dans le premier âge de leur fleur les placentas des Bixacées, et cette remarque avait déjà été faite par Desfontaines sur son genre *Diplophractum*. De sorte que si l'on voulait accorder au caractère de la placentation toute l'importance que lui donnent plusieurs auteurs, il faudrait, pour être logique, regarder les jeunes fleurs des Tiliacées comme appartenant aux Bixacées, et toutes les fleurs adultes comme appartenant aux Tiliacées. La distinction fondée sur ce caractère est souvent impossible, car il arrive très-fréquemment que les placentas de ces dernières plantes persistent dans les fleurs adultes et même jusque dans le fruit. Quant au caractère de la préfloraison du calice, on ne peut lui donner une grande importance, puisque certaines Tiliacées, telles que les *Echinocarpus*, ont une préfloraison imbriquée, et que, d'un autre côté, les *Peridiscus*, les *Azara*, admis comme Bixacées, ont une préfloraison *subvalvaire*. C'est cette similitude de caractères qui faisait dire à M. Baillon, dans un mémoire récent (1) : « Qu'il arrivera peut-être un moment où les Tiliacées » et les Bixacées des auteurs actuels ne seront plus considérées » que comme deux membres fort étroitement unis d'une seule » et même famille naturelle, et où les botanistes qui, pour la

(1) In *Adansonia*, VI, 238. *Du genre* Nettoa *et des caractères qui séparent les Bixacées des Tiliacées.*

» commodité de l'étude, les maintiendront séparées, n'hésiteront » pas à déclarer qu'ils ont recours à un mode de classement » essentiellement artificiel. »

II. — Les Malvacées proprement dites, comparées aux Tiliacées, s'en distinguent facilement. Elles ont de même, il est vrai, un calice à préfloraison valvaire; mais la corolle affecte toujours la préfloraison contournée; les filets des étamines sont réunis et forment une colonne centrale autour des pistils; les anthères sont uniloculaires; l'ovaire a des loges complètes. Cependant le ***Hoheria*** se rapproche singulièrement du *Berrya* par son gynécée et par son fruit; comme dans le *Berrya*, les styles paraissent être le prolongement des placentas, les ovules ont la même direction, les fruits gardent à leur base les débris de la fleur et sont ailés.

Si l'on rapproche une Tiliacée d'un *Bombax*, d'un *Cheirostemon*, d'un *Hermannia*, on ne trouve plus de différence dans l'organisation de l'ovaire; les placentas, dans ces derniers, sont pariétaux dans le très-jeune âge, mais ils se rapprochent de très-bonne heure pour constituer des parois de loges. Les caractères différentiels résident dans les autres parties de la fleur : chez le *Bombax*, les anthères sont uniloculaires, la corolle a la préfloraison tordue; dans le *Cheirostemon*, les filets sont monadelphes dans une haute étendue; chez les *Hermannia*, on ne trouve que cinq étamines monadelphes à la base.

En résumé, il existe, parmi les Tiliacées et dans les Malvacées, des plantes qui ont un tel caractère de parenté qu'il est impossible de le méconnaître. Ce qui contribue à donner cet air de parenté, c'est, tantôt le calicule qui rapproche les *Luhea* de la section des *Malva*, la préfloraison du calice, souvent identique, la forme de la corolle le plus souvent composée de pétales étalés, membraneux, la composition de l'androcée qui, chez les *Sparmannia*, *Honckenya*, *Apeiba*, etc., etc., est formé de faisceaux monadelphes dans une plus ou moins faible étendue. Pour toutes ces raisons, nous ne pensons pas que les Tiliacées doivent être séparées des Malvacées à titre de famille; nous les y réunirions à titre de section.

III. — Les Büttnériacées, que les auteurs placent tantôt avec les Sterculiacées, tantôt avec les Malvacées, ont beaucoup de l'organisation des Tiliacées. Dans le *Theobroma*, par exemple, les placentas sont longtemps pariétaux; ils s'avancent plus tard dans l'intérieur de l'ovaire et déterminent la formation de loges superposées aux pétales, absolument comme dans les *Corchorus*, les *Sparmannia*, etc.; les ovules sont placés de même sur deux séries verticales et ont la même direction. La seule différence un peu sensible consiste dans l'androcée, formé le plus souvent de faisceaux monadelphes dans une grande étendue.

IV. — Les Sterculiacées, telles que les comprennent MM. Bentham et Hooker, dans leur *Genera*, se rapprochent singulièrement des Tiliacées par les tribus des Hermanniées, des Dombeyées, des Eriolænées et des Helictérées, que M. Baillon comprend dans la famille des Malvacées; mais elles s'en éloignent par les genres *Heritiera, Cola, Tarrietia, Sterculia*. Ces derniers ont, en effet, des fleurs unisexuées, ce qui est l'exception chez les Tiliacées, et de plus, leurs carpelles sont toujours libres.

V. — Les Diptérocarpées ont quelque ressemblance avec les Tiliacées par leur androcée, mais elles en diffèrent par leur calice imbriqué, persistant, et dont quelques-uns des sépales s'accroissent en forme d'ailes autour du fruit; par leur réceptacle souvent concave, et par leur ovaire à placentas axiles.

D'après ce qui précède, il est facile de voir que le groupe des Tiliacées affecte les liaisons les plus intimes avec les Bombacées, les Hermanniées, les Buttnériacées; et si l'on admettait que ces petits groupes ne sont que des tribus d'une grande famille des Malvacées, il faudrait prendre la même conclusion pour celui des Tiliacées. Mais on conçoit très-bien qu'il soit commode, dans la pratique, de conserver comme distincte cette famille qui, si l'on ne s'en rapportait qu'aux caractères absolus, se confondrait encore d'autre part avec les Bixacées, ainsi que vient de le faire voir M. Baillon (*Adansonia*, VI, 241).

www.ingramcontent.com/pod-product-compliance
Ingram Content Group UK Ltd.
Pitfield, Milton Keynes, MK11 3LW, UK
UKHW020446180726
13839UKWH00004B/1652